KATRIN UND FRANK HECKER

Meine Vogel — Snackbar

VOGELFUTTER SELBER MACHEN

KOSMOS

INHALT

Zu diesem Buch

KEINE COUCH-POTATOES Haben Sie das auch schon mal gelesen: Gefütterte Vögel würden so träge Couch-Potatoes, abhängig vom Menschen. Auch das Artensterben können wir mit Füttern nicht verhindern. Es stimmt schon: Allein mit einem Futterhäuschen werden wir das Artensterben nicht aufhalten. Zweifelsfrei nachgewiesen ist heute aber, dass Vögel durch Futterplätze keinesfalls zu verfetteten Couch-Potatoes degradieren und auch nicht abhängig vom Menschen werden. Im Gegenteil: Mit der richtigen Zufütterung geben wir den Vögeln nur das zurück, was wir ihnen weggenommen haben: Getreidekörner und -spelzen, die sie einst auf „unaufgeräumten" Bauernhöfen fanden, und nahrhafte Sämereien einst blühender Wegränder und Wiesen.

TANKSTELLEN FÜR VÖGEL Dabei bevorzugen Wildvögel ganz klar immer die Nahrung, die sie in freier Natur selber finden können: ob Spinnen, Insekten oder Samen von Wildkräutern und -stauden. Egal ob im Sommer oder im Winter. Nur da,

GROUND CONTROL
Amseln suchen am Boden nach Leckereien.

AKROBATEN
Blaumeisen können sich mühelos an diesem Herz festhalten.

wo diese knapp werden – und das sind sie leider bereits in sehr vielen Gebieten –, greifen sie auf Futterstellen zurück. So werden vom Menschen errichtete Futterplätze vielerorts zu überlebenswichtigen Tankstellen, an denen Vögel ihre Energiereserven aufstocken können.

OHNE FRAGE müssen wir uns zeitgleich um unsere Umwelt und um unsere Natur kümmern. Der Verlust naturnaher Lebensräume und der Einsatz von Pflanzengiften haben zu einem dramatischen Rückgang der Insekten um rund 80 % geführt. Davon betroffen sind natürlich auch viele Vogelarten, die von Insekten leben. Auch hier kann jeder Einzelne etwas beitragen: Pflanzen Sie Samen tragende Stauden und Wildkräuter in Ihren Garten sowie Früchte tragende Büsche und verzichten Sie auf den Einsatz von Giften. Zusammen mit einem vielfältigen Futterplatz kann so jeder Einzelne doch eine ganze Menge zum Erhalt heimischer Wildvögel tun.

DAS SOLLTEN SIE WISSEN

FETTFUTTER ist im Sommer besonders beliebt. Denn jetzt verbrauchen Elternvögel viel Energie, um Insekten und Spinnen für ihren hungrigen Nachwuchs heranzuschaffen.

Im Sommer füttern?

Dürfen Vögel ganzjährig gefüttert werden? Darüber stritten sich viele Jahre die Gelehrten.

VIEL ENERGIE FÜR DIE BRUTZEIT Früher befürchtete man, Vögel könnten ihren Nachwuchs dann im Sommer mit „falschem Futter" wie Erdnüssen oder Sonnenblumenkernen aufziehen statt mit eiweißreichen Insekten. Diese Befürchtungen haben sich zum Glück nicht bestätigt. Vielmehr decken Altvögel im Sommer ihren eigenen Energiebedarf am Futterhäuschen und gewinnen hierdurch Zeit und Energie, um reichlich Insekten für ihre Jungvögel heranzuschaffen.

BESONDERS IM SOMMER sind Wildvögel auf energiereiche Nahrung angewiesen, denn zur Versorgung ihrer Brut legen sie jetzt täglich große Strecken zurück und das zehrt an den Kräften. Flugmuskeln verbrauchen viel Energie aus schnell verfügbarem Eiweiß der Insekten oder aus Fettfutter. Deshalb wird zur Aufzuchtzeit der Küken gern tierisches Zusatzfutter wie Mehlwürmer und Fliegenmaden (Seite 32) angenommen oder auch fettreiche Meisenknödel.

ENERGIE für fütternde Altvögel bieten Erdnuss-Spender.

SONNENBLUMENKERNE sind bei Grünfinken auch im Sommer beliebt.

Was im Fertigfutter drin ist

Viel Gutes steckt häufig nicht im Fertigfutter, dafür umso mehr, was die Vögel gar nicht fressen.

WENIGER IST OFT MEHR, so auch beim Vogelfutter. Leider enthalten viele fertige Körnermischungen auch Getreidekörner und Mais. Es gibt aber nur wenig Vögel, die das überhaupt aufnehmen, und wenn, dann auch nur in geringen Mengen. Denn Getreide und auch Mais enthalten viele Kohlenhydrate – liefern aber nur wenig Energie. So landet ein beträchtlicher Teil solcher Futtermischungen schließlich unter dem Futterhäuschen, wo es dann keimt oder im schlimmsten Fall schimmelt.

FERTIGE MEISENKNÖDEL aus dem Handel bestehen meist aus dem ökologisch umstrittenen Palmöl oder schwer verdaulichen, industriell gehärteten Pflanzenfetten, vermischt mit minderwertiger Kleie. Greifen Sie lieber zu „Energiekuchen“ aus dem Fachhandel – oder machen Sie die Knödel einfach selber (Seite 13).

ENERGIEKUCHEN sind meist besser als gekaufte Meisenknödel.

WISSEN, WAS DRIN IST Meisenknödel aus der eigenen Küche

SCHNELL GEFERTIGT Erdnussketten sind fix gemacht und beliebt.

GUTE KÖRNERMISCHUNGEN liefern schnelle Energie. Sie enthalten ölreiche Saaten wie Sonnenblumenkerne, Erdnüsse, Hanf, Hirse und Mohn.

Selber mischen und kochen

Wirklich wissen, was drin ist – Körner, Sämereien und Fette besser einzeln kaufen und selbst zusammenmixen.

GUTE KÖRNERMISCHUNGEN für Wildvögel sollten hauptsächlich aus energiereichen Sonnenblumenkernen (ungeschält oder geschält), Erdnüssen und kleineren, ölreichen Sämereien wie Hirse oder Mohn bestehen. Auch in Öl getränkte Haferflocken werden von Vögeln gern angenommen. Auf Seite 20 finden Sie die „Top 5“ der beliebtesten Körner und Kerne.

MEISENKNÖDEL selber zu machen ist denkbar einfach – auch Kindern macht es viel Freude, hier mit Hand anzulegen. So haben Sie die Wahl, wirklich hochwertige Fette und gehaltvolle Sämereien einzuarbeiten. Eine kreative Arbeit, die Ihre Snackbar nebenbei zum echten Hingucker im Garten werden lässt. Unser Grundrezept hierfür finden Sie auf Seite 27.

PURE ENERGIE
Sonnenblumenkerne mit und ohne Schale, Erdnussbruch, Hirse und Hanfsaat, getränkt in Energie spendendem Fett.

MEISENKNÖDEL ROLLEN

Aus unserer Fettfutter-Mischung (Rezept Seite 27) werden im Handumdrehen perfekte und dekorative Meisenknödel.

DAS BRAUCHEN SIE:

- unsere Fettfutter-Mischung von Seite 27
- lose, möglichst feine Sämereien (Hirse, Mohn)
- einen großen Kochlöffel
- ein möglichst hochwandiges Schälchen

1. KNÖDEL FORMEN
Einen gut gefüllten Kochlöffel von der nicht mehr flüssigen, aber noch nicht ausgehärteten Fettfutter-Mischung nehmen. Hände mit Wasser befeuchten, die Masse zwischen den Händen zum Knödel rollen.

2. PANIEREN
Schälchen zu 1/3 mit Sämereien füllen und den Knödel hineinlegen. Schale sanft im Kreis schwenken, sodass der Knödel in der Schale ins Rollen kommt. So kleben die Sämereien daran fest und der Knödel wird perfekt rund und glatt.

3. FERTIG IST DER MEISENKNÖDEL!
Tipp: Ruhig verschiedene Sämereien wählen – so wird Ihre Snackbar nicht nur zum Gaumen-, sondern auch zum Augenschmaus.

RICHTIGE LECKERBISSEN

Körner, Nüsse und Samen

Was mögen Vögel wirklich? Es braucht gar nicht viel, um Wildvögel gesund durch den Winter zu füttern.

SONNENBLUMENKERNE für kräftige Schnäbel sind der Klassiker auf dem Vogel-Büfett, und das aus gutem Grund: Die ölreichen Kerne schmecken lecker und liefern schnell wertvolle Energie. Ganz locker knacken Finken, Spechte, Kleiber und Goldammern mit ihrem kräftigen Schnabel die äußeren Schalen. Auch die etwas härteren gestreiften Sonnenblumenkerne sind kein Problem. Etwas weicher, einfacher zu knacken und ebenso gehaltvoll sind schwarze Sonnenblumenkerne. Der Vorteil naturbelassener Sonnenblumenkerne mit Schale: Sie sind gut verpackt, so bleiben alle Nährstoffe lange erhalten, und sie werden nicht so schnell ranzig. Dafür sammeln sich aber im Vogelhaus und unter dem Futterplatz recht schnell beträchtliche Überreste der Hülsen an.

KNACK UND AUF!
Für den Kernbeißer ist keine Schale zu hart.

ZARTER SCHNABEL
Rotkehlchen brauchen feine Sämereien wie Hirse.

HIRSE AM STIEL
lockt Feldspatzen ans Büfett.

SONNENBLUMEN
Im August reifen in den Blüten die kostbaren Sonnenblumenkerne, bestes Vogelfutter aus dem eigenen Garten.

ES GEHT AUCH OHNE! Wen die Schalen stören, der kann ebenso zu den etwas teureren, bereits geschälten Sonnenblumenkernen greifen. Besonders wenn die Tage kurz sind und das Wetter nasskalt, füttern wir sie gern geschält – so können sich unsere liebenswerten Garten-Gäste in der kurzen Tageslicht-Zeit schnell satt futtern und müssen ihre kostbare Zeit nicht für das Knacken der Schalen verwenden.

ERDNÜSSE enthalten viel Fett und sind deshalb nicht nur bei Menschen ein beliebter Snack. Aber bitte nur ungesalzene Erdnüsse an Vögel verfüttern! Ranzige oder schimmelige Nüsse führen zu schweren Vergiftungen bei Vögeln, daher achten Sie bitte unbedingt auf gute, frische Qualität.

HASELNÜSSE, WALNÜSSE UND BUCHECKERN, geknackt und zerkleinert, werden sehr gern gefressen und lassen sich auf herbstlichen Spaziergängen wunderbar sammeln.

HANFSAMEN sind ebenfalls öl- und energiereich und werden von kräftigen Körnerfressern in der Regel sehr gern angenommen.

MAISBRUCH UND GETREIDEKÖRNER wie Weizen, Gerste oder

LECKERBISSEN für kräftige Schnäbel

BASISMENÜ Ein Futtersilo mit nahrhaften Sonnenblumenkernen, Erdnüssen und Haferflocken ist schnell befüllt und leicht zu pflegen.

Hafer finden sich in vielen Fertigfutter-Mischungen für Wildvögel. Da Getreide aber nur wenig Energie liefert, bleibt es meist im Futterhäuschen liegen oder wird kurzerhand von den Vögeln hinausbefördert, um an die energiereicheren Sonnenblumenkerne zu gelangen. Dieser „Ausschuss" sammelt sich dann unter dem Futterplatz und beginnt häufig im kommenden Frühjahr auszukeimen, worüber sich nicht jeder freut. Auch Mais, ebenfalls ein beliebter „Füllstoff" in Fertigmischungen wird unserer Erfahrung nach höchstens in kleinen Mengen angenommen. Eine Ausnahme bildet der Eichelhäher, der sich freut, wenn wir ihm ganze Maiskolben anbieten. Mit seinem kräftigen Schnabel hackt er mühelos die harten Maiskörner vom Kolben.

UNGEEIGNETE FUTTERMITTEL für Vögel sind Rasen-Saat (chemisch vorbehandelt), Backwaren (Nährboden für Bakterien) und salzige Essensreste wie Käse, Kartoffeln, Wurstwaren, Butter oder Margarine.

ÖLREICHE SAATEN für Vögel mit feinem Schnabel

FÜR ALLE SCHNÄBEL: DIE TOP 5 UNTER DEN KÖRNERN

- **SONNENBLUMENKERNE** – geschält und ungeschält, ganz und gehackt
- **ERDNÜSSE** – ganz oder als Erdnussbruch
- **HAFERFLOCKEN** – am liebsten getränkt in Öl
- **MOHN** – auch der Mohn aus dem Supermarkt ist geeignet
- **HIRSE** – als lose Samen oder als Kolbenhirse

FÜR ZARTE SCHNÄBEL Was Finken und Kleibern schmeckt, das tut im Winter auch Vögeln mit zarterem Schnabel gut – sie können es nur nicht aufknacken! Damit auch Rotkehlchen, Stieglitz, Zaunkönig, Hänfling, Heckenbraunelle und Erlenzeisig in den Genuss energiereicher Sonnenblumenkerne und Erdnüsse kommen, gibt es für sie geschälte, fein gehackte Sonnenblumenkerne und fein gehackte Erdnüsse.

MOHN, HIRSE UND RAMTILL-SAAT sind kleine, energiereiche Sämereien, die Sie insbesondere für feine Schnäbel anbieten können. Mohn gibt es speziell als Vogelfutter in Zoofachgeschäften oder auch online, der normale Backmohn aus dem Supermarkt ist aber ebenso geeignet. Hirse gibt es ebenfalls im Supermarkt zu kaufen oder auch speziell als Vogelfutter: entweder als loses Körnerfutter oder aber als dekorative Kolbenhirse. Hier befinden sich die Körner noch im Kolben und viele Vögel lieben es, daran herumzuturnen, um die Hirse herauszupicken. Ein eher weniger bekanntes Körnerfutter für zarte Schnäbel sind die ölhaltigen Ramtill-Samen. Sie stammen von dem in Äthiopien heimischen Ramtillkraut (*Guizotia abyssinica*) und werden insbesondere gern Ziervögeln gefüttert. Gebietsweise ziehen diese ölhaltigen, feinen Samen aber auch Wildvögel mit zartem Schnabel wie den Stieglitz magisch an. Wer Vögeln auch nach dem Winter noch etwas Gutes tun möchte, der sollte ab April aber auf Ramtill-Samen verzichten: Von Jungvögeln sind die ölreichen Samen nur schwer zu verdauen und können zu ernsten Verdauungsschwierigkeiten führen.

KLEINES FEINES RICHTIG FÜTTERN Mohn, Hirse und Ramtill-Samen sind so fein, dass sie aus normalen Hängesilos einfach herausrieseln. Für sie gibt es spezielle Futtersilos mit kleinen Öffnungen oder Sie streuen die feinen Samen ins Vogelfutterhaus. Damit leichte Samen nicht vom Wind verweht werden, können Sie kleine Leisten rings um den Futtertisch im Vogelhäuschen anbringen.

DAS ANGEBOT an Körnerfutter-Sorten und -Mischungen für Vögel ist mittlerweile riesig und fast unüberschaubar. Lassen Sie sich nicht verwirren: Mit diesen energiereichen, schmackhaften Top 5 (➤ s. Box) liegen Sie bei Wildvögeln – ob zart oder kräftig – auf alle Fälle richtig!

Wildsamen selber sammeln

Ob Löwenzahn, Distel oder Mohn – Wildvögel lieben die Sämereien vieler Wildpflanzen.

IM SOMMER UND HERBST tragen wir auf unseren Spaziergängen durch Wald und Wiesen immer einen kleinen Leinenbeutel in unserer Jackentasche – und wo wir auf große Bestände von Löwenzahn, Disteln, Gräsern oder Klatsch-Mohn treffen, da sammeln wir gern eine Handvoll der Samen für unsere Vogel-Snackbar. Denn im Winter sind Wildsamen Mangelware. Damit richten wir keinen Schaden an und können den Speiseplan für unsere Wildvögel schön bereichern. Das Sammeln von Samen für Wildvögel macht übrigens auch Kindern viel Spaß!

STIEGLITZE lieben Distel-Samen.

BESONDERS BELIEBT bei Wildvögeln sind die Samen von diesen Pflanzen: Disteln, Löwenzahn, Nachtkerze, Brennnessel, Klatsch-Mohn, wild wachsenden Gräsern, Wilder Karde, Ampfer, Malven und Wegerichen. Bitte ernten Sie keinesfalls Getreide von Feldern! Es könnte mit Spritzmitteln belastet sein oder den giftigen Mutterkorn-Pilz beherbergen.

GESUNDE ÖLE
Nachtkerzen-Samen enthalten reichlich davon.

AUS DEM WALD
gesammelte Bucheckern sind nahrhaft und beliebt!

FÜRS IMMUNSYSTEM
Wegerich-Samen

SEHR SCHMACKHAFT
Mohn-Samen

HOCHGENUSS
Malven-Samen

POWER-PÄCKCHEN
Brennnessel-Samen

HOCHGENUSS AN KALTEN TAGEN
Verschiedene Körner und Samen, vermengt mit gehaltvollem Fett.

Fett macht satt!

Kurze Tage, klirrende Kälte: Jetzt brauchen Wildvögel Futter, das schnell von innen einheizt!

JE KLEINER DER VOGEL, desto mehr Energie benötigt er, um in kalten Nächten nicht zu erfrieren. Eine Blaumeise, die kaum mehr als 10 g auf die Waage bringt, verbrennt in einer frostigen Nacht bis zu 2 g ihrer Fettreserven, um ihren kleinen Körper warm zu halten. Gelingt dies nicht, sterben kleine Vögel nicht selten im Schlaf.

KAUFEN ODER KOCHEN? Meisenknödel aus dem Supermarkt bestehen leider oft nur aus dem ökologisch bedenklichen Palmöl, vermischt mit minderwertiger Kleie. Wenn Sie fertiges Fettfutter für Vögel kaufen möchten, gehen Sie dazu lieber in einen Zoofachmarkt oder bestellen es online in einem Fachgeschäft für Naturschutzprodukte (s. Anhang).

KOPFÜBER
Fettfutter im Tontopf – besucht von Blaumeise.

UNVERPACKT
Die Amsel pickt am lose ausgelegten Fettknödel.

MAGISCH ANZIEHEND
für Schwanzmeisen: Fettfutter in Kokosnuss

AM BESTEN SELBER MACHEN! Wir stellen unser Fettfutter am liebsten selber her: So haben wir die Wahl, welches Fett wir benutzen, und mischen gehaltvolle Körner und Samen hinein, von denen wir wissen, dass sie den Vögeln wirklich schmecken und guttun.

RINDERTALG ODER LAMMFETT sind in der Schlachterei zu bekommen oder online in Frostfutter-Shops für Haustiere. Lassen Sie tierische Fette immer langsam auf kleiner Flamme schmelzen, denn Sie wollen es nicht anbraten oder frittieren.

KOKOSFETT ist als Pflanzenfett sehr gut geeignet, denn es schmilzt leicht und ist angenehm zu verarbeiten. Bitte verzichten Sie auf die ökologisch bedenklichen Palmfette.

NICHT GEEIGNET sind Backmargarine, Margarine und die meisten Frittierfette. Sie enthalten industriell gehärtete Pflanzenfette, die für Vögel schwer verdaulich und sogar schädlich sein können. Der Anteil solcher „gehärteten Fette" sollte in Frittierfetten in jedem Fall unter 0,1 % liegen (geeignet ist „Biskin").

EIN KLACKS FÜR GROSSE UND KLEINE HOBBYKÖCHE!
Eine Schnur an Keksförmchen knoten, diese mit Fettfutter befüllen und erkalten lassen – fertig ist der Meisenkeks!

FETTFUTTER SELBER KOCHEN

Ob als Knödel, Keks oder im Tontöpfchen: Mit diesem Fettfutter können Sie so richtig kreativ werden!

DAS BRAUCHEN SIE:

- 1 kg naturbelassenes, ungewürztes Fett
  › Kokosfett oder Rindertalg
- 1 kg Körnermischung
  › Getreideflocken, Kerne, Nüsse, getrocknete Beeren
- 3 Esslöffel Speiseöl
  › So bleibt das Futter auch bei Frost geschmeidig!

1. SCHMELZEN UND VERMISCHEN Das Fett langsam auf kleiner Flamme schmelzen und die Körnermischung dazugeben.

2. RÜHREN UND ERKALTEN LASSEN Den Topf vom Herd nehmen und die Mischung abkühlen lassen. Dabei hin und wieder umrühren.

3. FERTIG ZUM BEFÜLLEN Ist die Masse fest, aber noch geschmeidig, lässt sie sich zu Knödeln formen oder in Förmchen abfüllen.

Viele weitere kreative Ideen auf Seite 44–51!

Ölflocken für zarte Schnäbel

Diese schnellen Energiespender sind leicht selber herzustellen und der Renner auf jedem Vogel-Büfett!

IM HANDEL werden solche in Öl getränkten Getreideflocken, gemischt mit Rosinen, als „Weichfutter“ angeboten. Besonders Rotkehlchen, Zaunkönige, Schwanzmeisen, Heckenbraunellen und Baumläufer lieben diese energiereichen Flocken.

NAHRHAFTER UND VIELFÄLTIGER ist selbst zubereitetes Weichfutter. Dazu mischen wir einfach möglichst viele verschiedene Getreide-Vollkornflocken wie Weizen, Dinkel, Gerste, Hafer und Roggen (Biomarkt) mit einem guten Sonnenblumenöl. Im Kühlschrank hält sich das Weichfutter bis zu 2 Wochen. Sie können es auch portionsweise einfrieren. Bitte vor dem Verfüttern unbedingt ganz auftauen lassen!

ANGELOCKT
Zaunkönige haben eine Schwäche für Weichfutter.

IM FUTTERSILO
Weichfutter mit Sonnenblumenkernen schmeckt dem Rotkehlchen.

AM BODEN
Weichfutter mit Rosinen, auch was für Blaumeisen

WEICHFUTTER SELBER MACHEN

Die Zutaten für Weichfutter finden sich eigentlich immer im Haushalt – und es ist im Handumdrehen zubereitet!

DAS BRAUCHEN SIE:

- 1kg Getreideflocken (z. B. Hafer-, Roggen-, Weizen-, Gerste- oder Dinkelflocken)
- 300 ml Sonnenblumenöl
- Kochtopf und Rührlöffel

1. DAS ÖL ERWÄRMEN Das Öl in einen Topf gießen und unter Rühren auf kleiner Flamme erwärmen.

2. DIE FLOCKEN DAZUGEBEN Die Getreideflocken unter das erwärmte Öl rühren und einige Minuten lang leicht anbraten (nicht braun werden lassen). So können sich alle Flocken gut vollsaugen.

3. ABKÜHLEN LASSEN Haben sich die Flocken mit dem Öl vollgesogen, sind sie fertig. Auf einem Backpapier ausbreiten, abkühlen lassen und im Vogelhäuschen oder im Futtersilo servieren.

BITTE BEACHTEN! Futtergeräte, in denen Fettfutter serviert wird, sollten alle zwei bis drei Tage gründlich mit heißem Wasser gereinigt werden, damit am Rand haftende Fettreste nicht ranzig werden. Legen Sie ein Kunststoff-Set im Vogelhäuschen aus, können Sie dieses leicht zum Säubern entnehmen.

Äpfel & Beeren

Wenn kaum noch Früchte zu finden sind, freuen sich viele Wildvögel auch über vitaminreiche Häppchen.

ÄPFEL sind im Winter eine sehr beliebte Ergänzung auf dem Vogel-Büfett. Am besten im Ganzen auslegen, denn wenn Vögel größere, geschnittene Apfelstückchen aufnehmen, die bei Minustemperaturen gefrieren, kann dies zu ernsten Verdauungsbeschwerden führen.

EINGEFRORENE WILDFRÜCHTE, die im Herbst gesammelt und eingefroren wurden, können jetzt aufgetaut und serviert werden, z. B. Brombeeren, Himbeeren, Vogelbeeren, Weißdorn, Hagebutten, Holunder und Schlehen. Sie werden in kleinen Mengen gern angenommen. Früchte

LECKER APFEL
Das findet auch das Rotkehlchen. Nur ungespritzte Äpfel verfüttern!

IM HERBST GESAMMELT, eingefroren oder getrocknet: Vogelbeeren, Hagebutten und Schlehen.

können Sie auch unter unsere Fettfutter-Mischung (Seite 27) rühren.

ROSINEN werden von den meisten Vögeln nicht gern genommen. Wenn überhaupt, dann verfüttern Sie bitte nur Rosinen, die ungeschwefelt und frei von chemischen Zusätzen sind. Achtung Hunde- und Katzenhalter! Rosinen können bei Haustieren schwere gesundheitliche Schäden hervorrufen!

BEGEHRT BEI AMSELN
Die Früchte vom Weißdorn

VIEL VITAMIN C
enthalten die Hagebutten.

UNWIDERSTEHLICH
Vogelbeeren sind der Renner bei Vögeln.

Darf es etwas mehr sein?

Neben Körnern und Fettfutter bietet der Zoohandel auch Futterinsekten für Vögel an – ist das wirklich nötig?

VIELE WILDVÖGEL wie Meisen, Finken und Rotkehlchen sind eigentlich Insektenfresser – davon leben sie den Großteil des Jahres und auch ihre Jungen ziehen sie mit eiweißreichen Insekten groß. Auch im Winter wissen sie deshalb Insekten sehr zu schätzen und suchen danach in Baumritzen und in der Laubstreu. Naturgemäß ist der Tisch hier an kalten Tagen aber nicht sehr reich gedeckt.

MIT FUTTERINSEKTEN aus dem Zoohandel können wir die Lücke im Nahrungsangebot leicht schließen. Am gängigsten und für Wildvögel gut geeignet sind lebende oder

INSEKTEN IM NAPF
Der Kohlmeise schmeckt's!

MEHLWÜRMER
Das sind die wurmartigen Larven des Mehlkäfers.

PINKYS
Das sind diese schmackhaften Fliegenmaden.

gefrorene Mehlwürmer (Larven des Mehlkäfers). Auch Fliegenmaden, bekannt als „Pinkys“, sind zum Verfüttern geeignet. Diese sollten Sie jedoch ausschließlich gefroren verfüttern, da diese Larven im Verdauungstrakt der Vögel sonst Schäden anrichten könnten. Getrocknete Insektenlarven hingegen besitzen kaum noch Nährwert und werden von Vögeln kaum angenommen.

EIWEISSREICHE KOST
Im Sommer leben viele Wildvögel von Insekten und Spinnen – im Winter ist tierisches Eiweiß ein eher seltenes Glück.

DIE SNACKBAR EINRICHTEN

Das ideale Futterhäuschen

Was Sie wissen sollten, damit das Füttern im Futterhäuschen Freude bereitet – und die Vögel gesund bleiben.

DAS KLASSISCHE VOGELFUTTERHÄUSCHEN besteht aus einem einfachen Fuß, einer darauf befestigten Futterplatte und einem Dach. Hier kann jedes beliebige, lose Körnerfutter, grob oder fein, vor Schnee und Regen geschützt, ausgestreut werden. Der Vorteil solcher Futterhäuschen: Je nach Größe finden hier gleichzeitig viele Vögel Platz und das Futter ist leicht auszubringen. Der Nachteil: Die Vögel können darin umherspazieren – so kann Kot ins Futter gelangen und das Futter mit gefährlichen Keimen belasten. Dennoch ist das Futterhäuschen nach wie vor eine gute Option zur Vogelfütterung – wenn Sie einige Punkte bei der Konstruktion und der Fütterung beherzigen.

KLASSISCHES HÄUSCHEN, hier mit Kleiber. Auf Hygiene achten!

GITTER-HÄUSCHEN Da bleibt das Vogelfutter sauber. Das freut die Blaumeise.

FETTFUTTER-HAUS Gute Alternative zu Meisenknödeln, findet auch der Mittelspecht.

SCHICKES HÄUSCHEN hat sich der Kleiber hier ausgesucht und gleich einen Sonnenblumenkern stibitzt. Aber nicht jedes schöne Vogelhaus ist auch praktisch gebaut.

IM LANDHAUS-STIL
Das Dach sollte aufklappbar sein. So kann das Futterhaus mühelos gereinigt und mit frischem Futter bestückt werden.

FUTTERHÄUSCHEN im Landhausstil erfreuen sich großer Beliebtheit, denn sie sehen einfach schön aus. Der Nachteil vieler kleiner Öffnungen liegt auf der Hand: Man selber kommt nur schwierig mit der Hand hinein, um Futter nachzuschütten und um den Futtertisch von leeren Hülsen und Kot zu säubern. Es gibt mittlerweile aber wirklich gute sogenannte „Vogelscheunen" mit klappbarem Deckel und integrierten Futtersilos, in denen das Futter einfach nachrutscht. So kommt das Futter nicht in Kontakt mit dem Vogelkot. Hat ihr Futterhäuschen nur einen schlichten Futtertisch, so können Sie sich mit einem glatten Tischset behelfen: Legen Sie den Futtertisch damit aus und wechseln Sie es regelmäßig zum Reinigen aus. Wichtig ist ein ausreichender Dachüberstand, damit das Futter nicht feucht wird und schimmelt. Um das Futter und auch die Vögel vor Katzen, Eichhörnchen und Nagern zu schützen, sollte das Häuschen eine Mindesthöhe von 1,60 m haben und über ein einziges, glattes Standbein verfügen.

CHECKLISTE FUTTERHÄUSCHEN

- **AUSREICHEND DACHÜBERSTAND** – damit das Futter trocken bleibt.
- **LEICHT ZU BEFÜLLEN** – ideal mit abnehmbarem Dach.
- **EIN GLATTES STANDBEIN** – als Schutz vor Räubern.
- **FUTTERTISCH MIT GLATTEM TISCHSET AUSLEGEN** – zur einfachen Reinigung.
- **FUTTERTISCH MIT LEISTEN VERSEHEN** – damit kein Futter verloren geht.

DECKEL HOCH UND REIN
Dieses Futterhaus ist leicht aufzufüllen und das Futter kommt nicht in Kontakt mit Vogelkot.

„LAWINENGEFAHR“ für die Weidenmeise: Hier konnte das Dach den Schnee gerade noch von der Futteröffnung fernhalten – doch es könnte gern noch etwas großzügiger bemessen sein.

Silos – wo Futter nachrutscht

Hier kann das Futter nicht durch Kot verschmutzt werden – und es bleibt weitestgehend trocken.

FUTTERSILOS sind eine wirklich praktische Erfindung und sollten an keinem Futterplatz fehlen. Gut konstruiert sind sie einfach zu befüllen und das Futter bleibt in der Regel auch über mehrere Tage darin sauber und trocken. Damit die Futteröffnungen nicht verkleben, sollten Sie bei der Wahl eines Futtersilos vor allem auf einen ausreichend großen Dachüberstand achten: Denn feuchtes Futter an den Öffnungen kann auch im Futtersilo zu Schimmelbildung führen. Unser Tipp: Benutzen Sie mindestens zwei Silos im Wechsel: Ist eines nach zwei oder drei Tagen leer gefuttert, so hängen Sie ein frisch befülltes Silo auf und holen das andere zum Reinigen und Trocknen ins Haus.

GUT PORTIONIERT
Da geht nicht viel Futter verloren, hier mit Feldsperlingen.

AUCH FÜR FEINE SÄMEREIEN
Silo mit Auffangschale und einer Kohlmeise

ERDNUSS-SILO AUS HOLZ
Praktisch und hübsch, vor allem mit Blaumeise

FUTTERSILOS AUS DURCHSICHTIGEM KUNSTSTOFF sind zur Fütterung sämtlicher Körnergrößen – von großen Sonnenblumenkernen bis hin zu Hirse und Mohnsamen – geeignet. Damit sind es richtige „Allround-Talente", die sowohl zarte als auch kräftige Schnäbel satt machen.

GITTERSILOS mit ihren Wänden aus feinem Maschendraht benutzt man, um darin ganze Erdnüsse und auch ungeschälte Sonnenblumenkerne anzubieten. Davon profitieren besonders Finken, Kleiber und Spechte. Da Erdnüsse und Sonnenblumenkerne zum Besten zählen, was man verfüttern kann, sind solche Gittersilos ein unverzichtbarer Bestandteil jeder Vogelfütterung.

STREITSCHLICHTER Während es im Vogelfutter-Häuschen nicht selten zu Streitigkeiten zwischen wehrhafteren Finken oder Kleibern und zarteren Blaumeisen oder Rotkehlchen kommt, geht es am Futtersilo meist deutlich gesitteter zu – insbesondere, wenn man gleich mehrere Silos am Futterplatz aufhängt. Dann gibt es ausreichend Futteröffnungen und der Abstand zwischen diesen Öffnungen bringt Ruhe ins Geschehen. Wichtig besonders an kurzen Wintertagen, an denen die Vögel darauf angewiesen sind, in relativ kurzer Zeit ihren Energiebedarf zu decken. Streitigkeiten ums beste Futter kosten zusätzliche Energie und die Kleineren gehen am Futterhäuschen nicht selten leer aus.

FRIEDLICHES FUTTERN
Feste Sitzplätze machen auch Grünfink und Kleiber zu netten Tischnachbarn.

SPITZE – AUCH FÜR BUNTSPECHTE! Gitterwand-Silos, befüllt mit ganzen Erdnüssen und ungeschälten Sonnenblumenkernen.

CHECKLISTE FUTTERSILO

- **AUF DACHÜBERSTAND ACHTEN** – damit die Futteröffnungen trocken bleiben.
- **GITTERWAND-SILOS** – ideal für Erdnüsse und ungeschälte Sonnenblumenkerne.
- **ZWEI SILOS IM WECHSEL BENUTZEN** – so kann eines zwischendurch trocknen.
- **SITZWARTEN SOLLTEN LANG GENUG** sein – auch für weniger geschickte Kletterer.
- **ÖFFNUNGEN ANS FUTTER ANPASSEN** – damit kleine Sämereien nicht verloren gehen.

AUS ZWEIGEN UND WOLLRESTEN wird im Handumdrehen eine wieder befüllbare Meisenknödel-Schaukel (Anleitung > Seite 47).

Knödel, Keks & Co

Ob Meisenknödel oder Vogelkeks – Fettfutter ist vielgestaltig, nahrhaft und unsere heimischen Vögel lieben es.

FETTFUTTER-FINESSEN Im Handel finden Sie eine Vielzahl fertiger Fettfutter-Sorten – ob als Meisenring oder -knödel. Unwiderstehlich lecker und nahrhaft wird es jedoch, wenn Sie Ihr eigenes Fettfutter kochen und in Form bringen. Mit unserem Grundrezept auf Seite 27 können Sie richtig kreativ werden und im Nu unsere Bastel-Vorschläge der folgenden Seiten bestücken. Natürlich dürfen Sie unser Grundrezept noch um weitere Sämereien (Seite 20–23), Nüsse (Seite 18) oder Früchte (Seite 30) ergänzen. Probieren Sie einfach aus, was Ihren Wintergästen am besten schmeckt. Bestimmt finden sich bei Ihnen in der Küche oder auf dem Dachboden noch Utensilien, die wunderbar zum Befüllen und Aufhängen geeignet sind (Seite 58).

HIER BRAUCHT'S KEIN PLASTIKNETZ!
Meisenknödel im Blumentopf

SÜSSER ENERGIESPENDER
Fettfutter in Keksförmchen

KOKOSNUSS-SNACKBAR
Fettfutter – nicht nur bei Schwanzmeisen beliebt

MEISENKNÖDEL lassen sich am besten formen, wenn die Fettmischung (Seite 27) noch nicht komplett ausgekühlt ist. Hände leicht anfeuchten und eine Handvoll der Masse zwischen den Handflächen zur Kugel rollen. Der fertige Knödel kann zum Schluss noch in Körnern gewälzt werden, das sieht sehr hübsch aus und die Knödel kleben dann beim Aufbewahren nicht so aneinander.

RICHTIG AUFBEWAHREN Damit Meisenknödel nicht ranzig werden, sollten sie möglichst kühl und trocken gelagert werden. Ideal ist ein Platz im Kühlschrank, aber auch kurzfristiges Einfrieren schadet den Knödeln nicht. Fertige Meisenknödel können einfach lose im Futterhaus oder auf dem Bodenfutterplatz (Seite 54) ausgelegt oder in Gittern oder Schaukeln aufgehängt werden.

AUS ZWEIGEN UND WOLLRESTEN
Kreative Knödel-Schaukel mit köstlichem Inhalt

KNÖDEL-SCHAUKEL AUS ZWEIGEN

Ganz ohne Plastik kommt diese Meisenknödel-Halterung aus. Kinder basteln hier gerne eifrig mit!

DAS BRAUCHEN SIE:

- drei biegsame Zweige (ca. 30–40 cm lang)
- ein Stückchen Blumendraht (ca. 10 cm)
- einen 3–4 m langen Wollfaden
- Schere
- einen Meisenknödel

1. ZWEIGE VERBINDEN Drei Zweige ohne Seitenäste sternförmig übereinanderlegen. In der Mitte fest mit dem Blumendraht verbinden. Überstehende Enden abschneiden.

2. WOLLFADEN EINWEBEN Einen 3 m langen Wollfaden abschneiden, in der Mitte festknoten und im Uhrzeigersinn um die Zweige winden: Dabei immer zuerst unter dem Zweig hindurch, einmal ganz drumherum und dann zum nächsten Zweig.

3. WEITERMACHEN, bis der Wollfaden fast ganz verbraucht ist. Den Rest an einem Zweig festknoten und das überstehende Ende abschneiden.

4. IN FORM BRINGEN Nun die Zweige nach oben hin zusammenbiegen, Meisenknödel hineinlegen und die Zweige oben mit einem Wollfaden zusammenknoten.
Tipp: Den Wollfaden zum Aufhängen ca. 20 cm überstehen lassen!

WIEDER BEFÜLLBAR
Beim Meisenring aus eigener Herstellung fällt kein Abfall an.

VIELFÄLTIG Auch gehaltvolle Meisenkekse, -ringe und Futterglocken lassen sich sehr einfach aus unserer Fettfutter-Mischung (> Seite 27) selber herstellen und kommen bei unseren gefiederten Gästen an!

MIT LIEBE GEMACHT
Aus einer größeren und einer kleineren Keksform wird ein Meisenring.

EIN BLUMENTÖPFCHEN BEFÜLLEN
Schnur dran, Fettfutter rein – und aushärten lassen.

PRAKTISCHER KNÖDELHALTER Hier kann sogar der Buntspecht landen und sich festhalten.

HALBIERTE KOKOSNUSS als große Futterglocke mit Stöckchen zum Festhalten, hier für Kohlmeise

FÜR MEISENKEKSE benötigen Sie nur einige Keksförmchen, Schnur oder Geschenkband und die noch geschmeidige, nicht vollständig ausgehärtete (aber nicht mehr flüssige) Fettfutter-Mischung: Ein Stückchen Schnur an jedes Keksförmchen knoten und auf Backpapier auslegen. Mit einem Löffel die Mischung in die Förmchen füllen, dabei gut an den Rändern festdrücken.

MEISENRINGE werden ebenso gefertigt – nur legen Sie hierfür noch zusätzlich ein kleineres Förmchen in die Mitte des größeren, das kleinere Förmchen bleibt unbefüllt.

FUTTERGLOCKEN aus Tontöpfen oder halbierten Kokosnüssen funktionieren ähnlich: Eine Schnur festknoten und die Form befüllen (gut festdrücken), zum Schluss noch ein Lande-Stöckchen hineinstecken. Lassen Sie die befüllten Formen über Nacht in einem kühlen Raum komplett aushärten, am nächsten Tag können Sie die Gaumenfreuden draußen aufhängen.

„TASSENKUCHEN“ Mit Fettfutter befüllt, ebenso praktisch wie beliebt, auch bei dieser Tannenmeise!

FETTER ZAPFEN
Der Kleiber liebt es, Futter aus Ritzen herauszupicken.

LOCKT SPECHTE AN
Fettfutter in Baumritzen wird herausgestochert.

GANZ SIMPEL UND NATÜRLICH
Vorhandene Baumritzen, herabgefallene Zapfen und hohle Pflanzenstängel können Sie mit unserer Fettfutter-Mischung (Seite 27) befüllen. Klappt wunderbar!

SPECHTE UND KLEIBER suchen von Natur aus ihre Nahrung in Baumrinden und -ritzen, denn im Frühjahr und Sommer finden sie hier viele kleine Spinnen, Insekten und deren Larven. Da sie es also gewohnt sind, solche Verstecke ständig nach Nahrhaftem abzusuchen, sind sie auch meist die Ersten, die solch fetten Schmaus in Rinden und Ritzen entdecken. Schmieren Sie dazu einfach noch streichfähiges Fettfutter in solche Ritzen in der Baumrinde oder sammeln Sie ein morsches Aststück im Wald, befüllen es mit Fettfutter und binden es an einen vorhandenen Baum oder Busch im Garten. Auch gesammelte Kiefernzapfen lassen sich gut mit Fettfutter einschmieren. Schnur dran, aufhängen und fertig!

NAHRHAFTE FUTTERSTÄNGEL

Kräftige Pflanzenstängel wie die von Mais oder Japanischem Knöterich lassen sich einfach mit Fettfutter befüllen.

DAS BRAUCHEN SIE:
- kräftige Pflanzenstängel
- Schnur
- Eisensäge
- Fettfutter-Mischung

Die Pflanzenstängel werden halbiert, getrocknet und am oberen Ende mit einer Schnur zum Aufhängen ausgestattet.

1. DAS HALBIEREN klappt am besten mit einer feinen Eisensäge.

2. DAS MUSS RAUS! Aus markhaltigen Stängeln das Innere herausschaben.

3. DAS BEFÜLLEN Getrocknete Stängel mit Fettfutter befüllen.

Aufhängen – aber wo?

Meisenknödel, Futtersilo oder Erdnusskette – sie alle benötigen einen sicheren Platz zum Aufhängen.

WEDER NAGETIERE noch Eichhörnchen oder Katzen sollten Ihre hängenden Futterspender erreichen, verunreinigen oder sogar den Vögeln gefährlich werden können. An Sträuchern oder Ästen von Bäumen sollten nur die äußersten, dünnen Zweige benutzt werden, auf die kein Räuber klettern mag. Wichtig: Diese Zweige sollten möglichst weit vom Stamm entfernt sein, damit Katzen nicht mit einem Satz die Vögel erreichen können. Ein sicherer und trockener Platz für hängende Futtergeräte ist unter dem Dachfirst, in den einige Haken geschraubt werden. Dies ist auch ein guter Platz für unser Futtergitter (s. Foto rechts). Über viele Jahre bewährt haben sich bei uns Metallstangen mit umgebogenen Enden aus dem Zoobedarf.

OBEN VERZWEIGT
An der Metallstange klettert keiner hoch.

WEIDENGEFLECHTE
sind gut zum Aufhängen von Meisenkeksen.

AN DIE SPITZE
gehängt zum Schutz vor Räubern – mit Erlenzeisig.

FUTTERGITTER MIT VIEL PLATZ ZUM AUFHÄNGEN
Eine einfache Baustahlmatte, angepinselt mit weißen Farbresten.

Am Boden füttern

Nicht jeder Vogel sucht sein Futter gern in luftiger Höhe - Bodenfutterplätze sind deshalb begehrt.

„DAS BODENPERSONAL“ Manche Vogelarten hüpfen am liebsten unter dem Futterhäuschen umher und begnügen sich dort mit herabrieselnden Futterresten. Dies tun sie aber nicht, weil sie grundsätzlich genügsamer sind – es ist einfach so, dass sie ihr Futter bevorzugt vom Boden aufnehmen.

BODENLIEBHABER
Kernbeißer und Erlenzeisige mögen Futterplätze am Boden.

VOLLER LECKEREIEN Blumenuntersetzer als Bodenfutterplatz

BODENNAH, aber das Futter versinkt beim Futtertablett nicht im Schnee.

UNTEN ANRICHTEN Damit sie nicht nur die Reste abbekommen, ist es schön, diesen Vögeln einen Futterplatz am Boden anzubieten. Hierfür gibt es im Handel spezielle Bodenfuttertabletts aus Holz oder Gitter, ein einfacher Blumenuntersetzer tut es aber auch. Legen Sie hier Äpfel, lose Meisenknödel und Körner aus – die Vögel werden es lieben.

AM LIEBSTEN UNTEN
Heckenbraunelle (Foto links) und Eichelhäher (Foto rechts) sind am Boden unterwegs.

Wasser im Winter

Körner machen durstig – und wenn draußen die Gewässer gefrieren, wird Trinkwasser für Vögel knapp.

FROSTFREIE TRÄNKE Deshalb sollte an jedem Vogelfutterplatz im Winter auch eine frostfreie Wasserstelle stehen. Tatsächlich ist eine solche Tränke einfach herzustellen, Sie benötigen hierzu weder handwerkliches Geschick noch Strom: einen Blumentopf, ein Gitter, eine ausgediente Schale und einen flachen Stein – darunter eine Dauerbrennkerze – fertig!

EINE GROSSE DAUERBRENNKERZE (14 cm hoch) kostet um 1 Euro und sorgt etwa 5 Tage lang für frostfreies Wasser in der Schale. Der Stein dient als Landeplatz für durstige Vögel und zum Beschweren der Schale – damit nichts ins Wackeln gerät, wenn Vögel landen. Die Schale sollte regelmäßig gereinigt und frisches Wasser nachgefüllt werden.

SOMMERS WIE WINTERS Wasser sollte an keinem Futterplatz fehlen, dem Erlenzeisig schmeckt's.

FROSTFREIE VOGELTRÄNKE

Das geht auch mit zwei linken Händen: Der Bau einer frostfreien Vogeltränke ist sehr einfach.

DAS BRAUCHEN SIE:

- Blumentopf – Ø oben ca. 30 cm
- Topfuntersetzer – Ø ca. 20 cm
- Kuchen-Abkühlgitter – Ø ca. 30 cm
- Dauerbrennkerze (Grabkerze) – Größe „L", 14 cm Höhe, gibt's in jeder Drogerie
- Pfanne und Stein
- Kanne Wasser und Feuerzeug

1. BLUMENTOPF AUFSTELLEN Topf auf möglichst ebenem Untergrund platzieren. Untersetzer verkehrt herum hineinlegen, damit die Kerze etwas höher steht.

2. KERZE EINSETZEN Die Dauerbrennkerze in den Blumentopf stellen, sollte bis ca. 2 cm unterhalb des Blumentopf-Randes reichen. Gitter auf den Blumentopf legen.

3. TRÄNKE AUFSETZEN Schale auf dem Gitter platzieren, Stein in die Schale legen, mit Wasser befüllen. Stein nicht komplett mit Wasser bedecken als sicheren Landeplatz.

Wenn alles stabil steht, ist Ihre Vogeltränke fertig! Sinken die Temperaturen in den Minusbereich müssen Sie nur noch die Kerze anzünden – und die Vögel in Ihrem Garten haben immer freien Zugang zu frischem Trinkwasser.

GUT ÜBERDACHT
Aus einer nicht mehr benutzten Etagere für Gebäck ist eine Vogelfutter-Station geworden.

Upcycling für Vögel

Ob Omas altes Service, alte Rührbesen oder der Weihnachtsbaum – Upcycling für Vögel ist eine tolle Idee!

AUS ALT MACH NEU Der fünfte Schneebesen in der Küche, das unbenutzte Kaffeeservice im Wohnzimmerschrank oder der Weihnachtsbaum im Januar – wer unter uns hat zu Hause oder im Garten keine Dinge herumliegen, die er nicht mehr benutzt? Upcycling bedeutet, anstatt etwas Neues zu kaufen, lieber alten Teilen zu neuem Leben zu verhelfen.

ZUM UPCYCLING braucht es nur offene Augen und Fantasie. Kommt noch etwas handwerkliches Geschick hinzu, so sind der Kreativität bald keine Grenzen mehr gesetzt! Lassen Sie sich von uns inspirieren – und finden Sie selbst schließlich noch viel mehr tolle Gegenstände, die Sie zu Futterspendern für Vögel umfunktionieren.

SCHNEEBESEN hält Meisenknödel – Upcycling aus der Küche.

TOPFDECKEL, gehalten von Gewindestangen – ein Top Futterhäuschen!

DACHRINNEN-SIEB Upcycling aus dem Garten für große Knödel

WEIHNACHTSBAUM FÜR VÖGEL
Den Tannenbaum ein zweites Mal zu schmücken – und zwar im Januar für unsere Wintervögel – macht auch Kindern Freude.

NEUE AUFGABEN FÜR AUSRANGIERTES zu finden ist nicht schwierig. So fanden sich bei uns nach kritischem Blick in die Küchenschränke einige überzählige Topfdeckel. Und dann war da noch die eingestaubte Gebäck-Etagere von Oma im Keller. Schrauben Sie die Etagere einfach auseinander und montieren Sie die Griffe der Deckel ab. Nun verbinden Sie die beiden Topfdeckel mit den Gewindestangen der Etagere – fertig ist Ihr perfekt überdachtes Futterhäuschen. Praktisch: Durch die Wölbung der Topfdeckel fließt das Wasser gut vom oberen Deckel ab und vom unteren Deckel kann das Futter nicht herunterrutschen. Auch für lose Meisenknödel (ohne Plastiknetz) ist diese Konstruktion (Foto Seite 59) sehr praktisch.

DER WEIHNACHTSBAUM darf nach den Feiertagen noch für einige Wochen umziehen, reich behängt mit Leckereien für Vögel. So gibt es auch für unsere Vögel noch eine Bescherung – als Dank dafür, dass auch sie uns übers Jahr so viel Freude bereiten mit ihren schönen Gesängen und ihrer puren Anwesenheit.

FUTTER AUS OMAS PORZELLAN

Aus einem alten Service lässt sich mit etwas handwerklichem Geschick so eine bezaubernde Futterstation bauen.

DAS BRAUCHEN SIE:

- Teller, Tasse und Untertasse
- ausgediente Etagere für Gebäck oder einen Etageren-Bausatz
- Keramikbohrer – Durchmesser nach Dicke des Gestänges, wir haben mit 4-mm-Bohrer vorgebohrt, mit 6-mm-Bohrer nachgebohrt
- Bohrmaschine

1. BOHREN Jeweils ein Loch in die Mitte der Tasse, Untertasse und des Tellers bohren; mit einem kleineren Bohraufsatz vorbohren, damit nichts splittert.

2. VERSCHRAUBEN Zunächst die Befestigungsschraube von unten durch Untertasse und Tasse stecken.

3. EINDREHEN Die Gewindestange in die Schraube drehen, durch eine weitere Gewindestange verlängern, wenn sie nicht lang genug ist.

4. ZUSAMMENFÜGEN Teller kopfüber auf die Gewindestange stecken, Griff der Etagere aufschrauben. Futter rein, fertig!

EINE BAUSTAHLMATTE wird eine Futterstation mit vielen Plätzen zum Anhängen.

KREATIVE Wiederverwertungen finden sich auch aus Dingen, die man in Schuppen oder Scheunen aufbewahrt. Ob Drahtreste vom Hühnerstall oder Baustahlmatten, es gibt fast nichts, das nach ein wenig Aufarbeitung nicht noch gute Dienste am oder als Futterhäuschen leisten kann. Aber gut achtgeben, dass sich die Vögel nicht an scharfen Drähten oder Kanten verletzen können!

DIE ROSTIGE Baustahlmatte wurde bei uns ein praktisches Vogel-Gitter. Hier gibt es viel Platz zum Aufhängen kleiner Meisenkekse, von Äpfeln, Fettfutter-Schaukeln und -Körbchen. Den „shabby look" haben wir ihm durch ungleichmäßiges Anpinseln mit einem Rest weißem Fensterlack verpasst. Damit das Futter nicht nass werden kann, haben wir das Gitter an zwei Haken unter unserem Dachüberstand befestigt. Auch für überdachte Balkone ist dieses Fressgitter sehr gut geeignet, es kann aber auch an einem etwas stärkeren, waagerechten Ast am Baum aufgehängt werden.

EINE KNÖDEL-SCHAUKEL BASTELN

Aus Maschendraht und Paketschnur lassen sich geschwind Halterungen für Meisenknödel ohne Plastiknetz biegen.

DAS BRAUCHEN SIE:

- Rest Maschendraht, ca. 25 cm × 25 cm – Maschenweite 1,5 cm
- Kneifzange
- Blumenuntersetzer, ca. 16 cm Durchmesser
- Ball – ein mittelgroßer Apfel oder eine Apfelsine tun es auch
- Schere und Schnur
- Meisenknödel zum Befüllen

1. DRAHT BIEGEN
Blumenuntersetzer verkehrt herum auf den Draht legen, den überstehenden Maschendraht ringsum nach oben biegen.

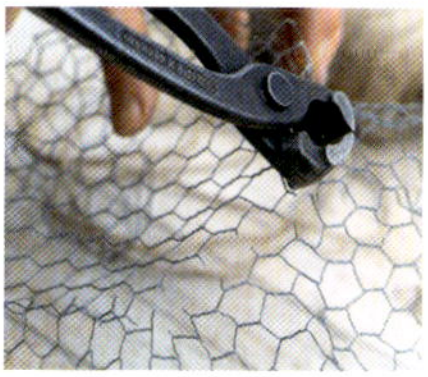

2. KNIPSARBEIT
Untersetzer entfernen, mit Kneifzange an Knickstellen ringsherum die spitzen Drahtenden abknipsen.

3. JETZT DEN BALL
in die Mitte des Maschendraht-Kreises legen, den Draht eng um den Ball herumbiegen (oben offen lassen).

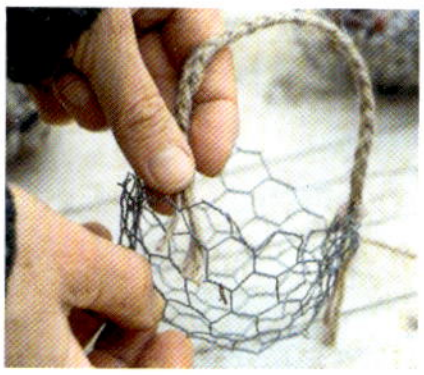

4. EINE SCHLAUFE
aus geflochtener Paketschnur am Körbchen befestigen. Das hält den Knödel ganz ohne Plastiknetz.

Die perfekte Snackbar

Was Sie noch tun können, um eine möglichst bunte Artenvielfalt in Ihren Garten zu locken.

VERSCHIEDENE FUTTERSORTEN wie große und kleine Körner, Weichfutter, Fettfutter und Äpfel sorgen dafür, dass große und kleine Vögel mit kräftigen und zarten Schnäbeln hier gleichermaßen satt werden. Auch vermeiden Sie so, dass Körnerfresser die Meisenknödel zerpflücken, um an die Körner zu gelangen. Denken Sie auch an kleine Futterkekse für kleine Vögel.

VIELE VERSCHIEDENE FUTTERGERÄTE, ob feststehend wie Futterhäuschen oder hängend wie Futtersilos und Meisenknödel, und auch Bodenfutterplätze werden den Bedürfnissen der unterschiedlichen Vogelarten gerecht. Vergessen Sie bitte auch nicht, etwas Futter abseits vom Getummel für schüchterne Rotkehlchen und Zaunkönige zu verstecken.

LANDEPLATZ FÜR GROSSE
Grauspecht zu Gast

BUNTE VIELFALT
Gimpel an der Vogelfütterung

FÜR DIE KLEINEN
Mini-Futterhäuschen mit Blaumeise

ANFLUG- UND VERSTECKSTRÄUCHER sollten sich idealerweise in einer Entfernung von 2–3 m zum Futterplatz befinden – nah genug für „Zwischenlandungen“ und weit genug, um vor Katzen sicher zu sein.

VIELFALT

Wo Königskerze, Nachtkerze, Wilde Karde, Natternkopf, Wegwarte und Mohn blühen, finden Insekten und Vögel gleichermaßen Nahrung. Stängel und Samenstände über den Winter möglichst stehen lassen!

Paradies Vogelgarten

Lassen Sie in Ihrem Garten Vogelfutter wachsen – das kommt auch Wildbienen und Schmetterlingen zugute.

HEIMISCHE STRÄUCHER wie Vogelbeere, Weißdorn, Wildrose und Holunder locken im Frühjahr mit ungefüllten Blüten Insekten an und bieten Wildvögeln viele schmackhafte Früchte. Ein Magnet für Insekten und Vögel ist der Efeu: Seine Blüten erscheinen erst im September und die Früchte ab Januar, wenn die Natur ansonsten kaum noch Früchte im Angebot hat.

BESONDERS VIELE NAHRHAFTE SAMEN für Wildvögel bieten Sonnenblumen, Wilde Karde, Disteln, Nachtkerze, Königskerze, Mohn, Löwenzahn und Brennnesseln. Diese geben sich auch mit weniger aufwendig gepflegten Ecken im Garten zufrieden und säen sich hier auch problemlos wieder von selbst aus – so ist stets für Nachschub gesorgt.

WILLKOMMEN!
Der Garten als lebendige Oase für Wildtiere

FÜR EICHHÖRNCHEN
Spezielle Futterstation mit Nüssen

HEIMISCHE ARTEN
bieten Nektar für Bienen und Früchte für Vögel.

BEZUGSQUELLEN

Anbieter, die wir gerne empfehlen, finden Sie auf dieser Seite.

PAULS MÜHLE

Hervorstechend ist das vielfältige Sortiment an Einzelsaaten bei einem guten Preis-Leistungs-Verhältnis. Daraus lassen sich eigene, hochwertige Körnermischungen zu einem vernünftigen Preis zusammenstellen. Daneben gibt es auch Rindertalg für Selberkocher, fertige Energieblöcke, Körnermischungen und Futterspender. Knödel werden auch ohne Plastiknetz angeboten.

pauls-muehle.de

WELZHOFER

Qualitativ hochwertiges Sortiment verschiedener fertig gemischter Körner- und Fettfutter-Sorten. Die Meisenknödel werden sehr gern von Vögeln gefressen, es gibt sie ohne Netz oder auch im kompostierbaren Bio-Netz. Außerdem ein gutes Sortiment empfehlenswerter Futterspender.

welzhofer.eu

ZOO-PAPP

Hier finden Sie tierisches Lebendfutter wie Mehlwürmer und andere Käferlarven zu einem guten Preis. Außerdem tiefgefrorene Pinkys (Fliegenmaden), Mehlwürmer und Bienenmaden. Aber auch gute Körnermischungen, Einzelsaaten, Meisenknödel ohne Plastiknetz und Energieblöcke gehören zum Sortiment. Gute Auswahl langlebiger und nützlicher Futterspender.

zoo-papp.de

VIVARA

Große Auswahl nützlicher Futterspender und Aufhängesysteme. Außerdem Informationen zum Füttern, Energieblöcke und anderes Futter.

vivara.de

GEVO

Verschiedene Futtermittel für Wildvögel. Hervorzuheben ist die tolle Saatmischung „Wildvogel-Futterwiese“ ohne Gräser mit 45 heimischen Blütenpflanzen: für alle, die eine blüten- und samenreiche Wiese für Insekten und Vögel anlegen möchten.

gevo-gmbh.info

NABU-SHOP

Große Auswahl an Vogelfutter-Systemen, Nistkästen für Vögel, Insekten und Fledermäuse, außerdem Körnerfutter, verschiedene Energieblöcke und Meisenknödel.

nabu-shop.de

EMPFEHLENSWERTE SEITEN IM INTERNET

NABU – NATURSCHUTZBUND DEUTSCHLAND E.V.

Informative Website mit verschiedenen Themen zur Vogelfütterung und zur „Stunde der Wintervögel“ und „Stunde der Gartenvögel“.

https://hamburg.nabu.de/tiere-und-pflanzen/vogelschutz/vogelfuetterung.html

LBV – LANDESBUND FÜR VOGELSCHUTZ E.V.

Informative Website mit fundierten Informationen zum Thema Vogelfütterung.

https://www.lbv.de/ratgeber/lebensraum-garten/voegel-fuettern/

WILDVÖGEL IM GARTEN – FACEBOOK-GRUPPE

Umfangreiche Dateisammlung zu vielen verschiedenen Themen rund um Wildvögel im Garten, hilfreiche Literaturtipps und ein reger Austausch unter den über 18 000 Mitgliedern.

https://www.facebook.com/groups/Wildvoegel.im.Garten/

WILDVOGELHILFE

Viele wertvolle Informationen über unsere Wildvögel, darunter auch zum Thema Winterfütterung und vogelfreundlicher Garten.

http://wp.wildvogelhilfe.org/de/

BÜCHER ZUM WEITERLESEN

Berthold, P. (2017): **Vögel füttern, aber richtig**. Das ganze Jahr füttern, schützen und sicher bestimmen. Kosmos

Haag, H. (2015): **Vögel füttern im Winter**. Kosmos

Hecker, K. u. F. (2019): **Vogelführer für unterwegs**. Kosmos

Hecker, K. u. F. (2015): **Naturführer für Kinder: Vögel**. Ulmer

Kern, S. (2017): **Mein Garten summt!** Ein Platz für Bienen, Hummeln und Schmetterlinge. Kosmos

Singer, D. (2020): **Vögel rund ums Futterhaus.** Beobachten, bestimmen und richtig füttern. Kosmos

Strauß, D. (2019): **Gartenvögel lebensgroß**. Die 60 häufigsten Vögel, einfache Bestimmung, mit 60 Rufen und Gesängen. Kosmos

Alle Kosmos-Bücher sind üblicherweise auch als E-Book erhältlich.

REGISTER

Die **fett** gedruckten Seitenzahlen verweisen auf Schritt-für-Schritt-Anleitungen.

IMPRESSUM

Mit 168 Farbfotos, alle Bilder von **Frank Hecker**, außer auf Seite 22 und Seite 56 (**Wolfgang Buchhorn / Frank Hecker**) und auf Seite 64 links (**Rudolf Schmidt / Frank Hecker**).

Umschlaggestaltung von GRAMISCI Editorialdesign, München, unter Verwendung von verschiedenen Aufnahmen von **Frank Hecker**. Die Vorderseite zeigt eine Blaumeise und eine Kohlmeise an einem Futtergitter. Auf der Rückseite ist ein Buntspecht an einem selbst gemachten Knödel zu sehen.

Unser gesamtes Programm finden Sie unter **kosmos.de**.
Über Neuigkeiten informieren Sie regelmäßig unsere Newsletter, einfach anmelden unter **kosmos.de/newsletter**

FSC www.fsc.org MIX Papier aus verantwortungsvollen Quellen FSC® C023164

Gedruckt auf chlorfrei gebleichtem Papier

ISBN: 978-3-440-16938-4
Redaktion: Stefanie Tommes
Gestaltungskonzept: GRAMISCI Editorialdesign, München
Satz: Walter Typografie & Grafik GmbH, Würzburg
Produktion: Markus Schärtlein
Printed in Italy/ Imprimé en Italie

INTERVIEW MIT DEN AUTOREN KATRIN UND FRANK HECKER

WAS HAT SIE ZU DIESEM BUCH INSPIRIERT?

Zu allererst unsere Liebe zu Wildvögeln. Und dann stellten wir fest: Längst nicht alles, was wir an Vogelfutter gekauft hatten, wurde auch tatsächlich von den Vögeln gern gefressen. Wir haben dann angefangen zu experimentieren und nachzuforschen. Schließlich haben wir verstanden, dass Vögel sehr genau wissen, was sie wirklich brauchen.

Auch viele Futterspender funktionierten einfach nicht gut genug. In vielen Modellen wird das Futter bei Schietwetter nass und die Teile sind kompliziert zu reinigen. Zu guter Letzt war es uns ein Ansporn, gänzlich auf Plastiknetze zu verzichten und auch auf das ökologisch bedenkliche Palmfett.

WAS WÜRDEN SIE UNSEREN LESERN GERN ANS HERZ LEGEN?

Füttern, füttern, füttern! Denn selbst früher häufige Gartenvögel wie Stare, Spatzen und Amseln leiden heute an Hungersnot – auch im Sommer. Und glauben Sie nicht alles, was die Vogelfutter-Industrie verspricht. Kaufen Sie lieber Körner und Nüsse einzeln – dann verschwenden Sie nicht Ihr Geld für billige Füllstoffe wie Getreide und Mais. Verzichten Sie unserer Umwelt und den Vögeln zuliebe auf Plastiknetze, Palmfett und chemisch gehärtete Pflanzenfette. In unserem Büchlein finden Sie hierzu einfache, bezahlbare und viel bessere Alternativen!